TECNICAS EN EL LABORATORIO DE ELECTROFORESIS

Autoras:

MªCarmen Díaz Quirós. T.S.S Laboratorio diagnóstico clínico
Francisca Muñoz Martínez. T.S.S Laboratorio diagnóstico clínico
MªDolores García Hernández. T.S.S Laboratorio diagnostico clínico

ISBM: 978-1-326-03424-5

Autoras:

MªCarmen Díaz Quirós. T.S.S Laboratorio diagnóstico clínico
Francisca Muñoz Martínez. T.S.S Laboratorio diagnóstico clínico
MªDolores García Hernández. T.S.S Laboratorio diagnostico clínico

ISBM: 978-1-326-03424-5

INDICE

Electroforesis de proteínas	4
Osmolalidad	11
Determinación de Enzimas	14
Lipasa	16
Colinesterasa	23
Procalcitonina	28
Determinación del cobre	30

ELECTROFORESIS DE PROTEINAS

DEFINICIÓN

Es un examen que mide aproximadamente los tipos de proteína en la parte líquida (suero) de una muestra de sangre.

La electroforesis es una técnica de laboratorio, en la cual el suero sanguíneo se coloca en un papel especialmente tratado y luego se expone a una corriente eléctrica. Las diversas proteínas migran o se mueven en el papel con el fin de formar bandas que indican la proporción relativa de cada fracción de proteína. Las proteínas individuales, con excepción de la

albúmina, generalmente no se miden; sin embargo, sí se miden las fracciones o grupos de proteínas. Los niveles de las fracciones se pueden calcular aproximadamente mediante las mediciones de la proteína sérica total y multiplicada por el porcentaje relativo de cada fracción de la proteína del componente.

La electroforesis de lipoproteínas es un tipo de electroforesis de proteínas que se concentra en la determinación de la cantidad de compuestos químicos hechos de proteína y grasa, llamados lipoproteínas (como el colesterol LDL).

El médico puede solicitar la suspensión de medicamentos que pudieran afectar el examen. Los medicamentos que pueden afectar la medición de las proteínas totales incluyen clorpromazina, corticosteroides, isoniazida, neomicina, fenacemida, salicilatos, sulfamidas y tolbutamida.

Es posible que el médico le solicite a la persona no consumir alimentos durante 4 horas antes de un examen de electroforesis de lipoproteínas.

Razones por las que se realiza el examen

Las proteínas están compuestas de aminoácidos y son componentes importantes de todas las células y los tejidos. Existen muchas clases de proteínas en el cuerpo, con muchas funciones diferentes. Los ejemplos de proteínas son: las enzimas, algunas hormonas, la hemoglobina que trasporta el oxígeno, la LDL que trasporta el colesterol, el fibrinógeno utilizado en la coagulación sanguínea, el colágeno que interviene en la estructura del hueso y del cartílago y las inmunoglobulinas (anticuerpos).

Las proteínas séricas están separadas aproximadamente en albúminas y globulinas; en otras palabras, la proteína total = albúmina + globulina. La albúmina es la proteína de mayor concentración en el suero que sirve para trasportar muchas moléculas pequeñas, pero también juega un papel decisivo para impedir que el líquido se filtre a los tejidos (presión oncótica de la sangre).

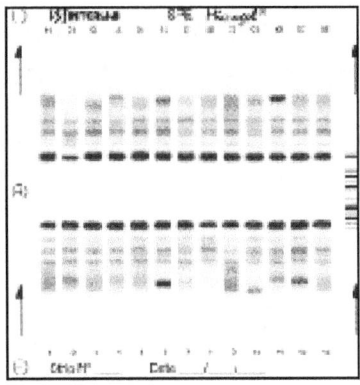

Las globulinas se dividen en globulinas alfa-1, alfa-2, beta y gammaglobulinas, las cuales se pueden separar y cuantificar en el laboratorio mediante exámenes llamados electroforesis y densitometría.

La porción (fracción) alfa-1 de globulinas incluye la alfa-1 antitripsina y la globulina fijadora de tiroxina. La fracción alfa-2 contiene la haptoglobina, ceruloplasmina, HDL y alfa-2 macroglobulina.

En general, los niveles de proteínas alfa-1 y alfa-2 aumentan cuando hay inflamación. La fracción beta incluye la transferrina, el plasminógeno y las beta lipoproteínas. La fracción gamma incluye los diferentes tipos de anticuerpos (inmunoglobulinas M, G y A).

VALORES NORMALES

- Proteína total: 6.4 a 8.3 g/dL
- Albúmina: 3.5 a 5.0 g/dL
- Alfa-1 globulina: 0.1 a 0.3 g/dL
- Alfa-2 globulina: 0.6 a 1.0 g/dL
- Beta globulina: 0.7 a 1.2 g/dL
- Gammaglobulina: 0.7 a 1.6 g/dL

SIGNIFICADO DE LOS RESULTADOS ANORMALES

La disminución de la proteína total puede indicar:

- Desnutrición
- Síndrome nefrótico
- Enteropatía por pérdida de proteínas gastrointestinal

El aumento de las proteínas alpha-1 globulina puede indicar:

- Enfermedad inflamatoria crónica (por ejemplo artritis reumatoidea, LES)
- Enfermedad inflamatoria aguda
- Malignidad

La disminución de las proteínas alfa-1 globulinas pueden indicar:

- Deficiencia de alfa-1 antitripsina

El aumento de las proteínas alfa-2 globulinas puede indicar:

- Inflamación aguda
- Inflamación crónica

La disminución de las proteínas alfa-2 globulinas puede indicar:

- Hemólisis

El aumento de las proteínas beta globulinas puede indicar:

- Hiperlipoproteinemia (por ejemplo, hipercolesterolemia familiar)
- Terapia de estrógenos

La disminución de las proteínas beta globulinas puede indicar:

- Trastorno de coagulación congénito
- Coagulopatía de consumo
- Coagulación intravascular diseminada

El aumento de las proteínas gama globulinas puede indicar:

- Mieloma múltiple

- Enfermedad inflamatoria crónica (por ejemplo artritis reumatoidea, LES)
- Hiperinmunización
- Infección aguda
- Macroglobulinemia de Waldenstrom
- Enfermedad hepática crónica

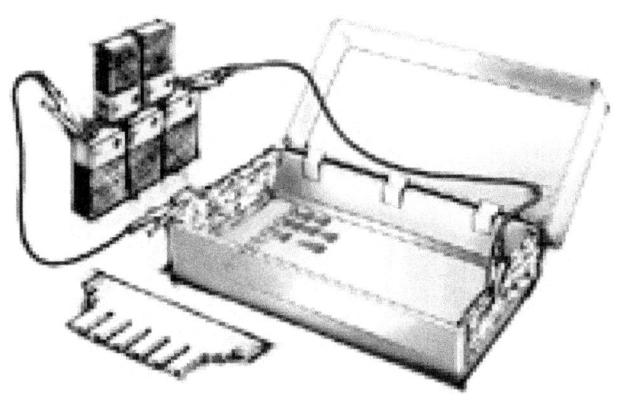

OSMOLALIDAD

OSMOLALIDAD EN SUERO

Número de partículas disueltas por unidad de volumen de agua en suero.

La determinación de la osmolalidad del suero informa acerca del estado de hidratación. El valor normal es de 270-300 mOsm/kg de agua.

Razones por las que se realiza el examen

Este examen ayuda a evaluar el equilibrio hídrico del cuerpo. El médico puede ordenar este examen si la persona tiene signos de hiponatremia, pérdida de agua o intoxicación por sustancias dañinas como etanol, metanol, etilenglicol. También se puede hacer si la persona tiene problemas para producir orina.

La osmolalidad aumenta con la deshidratación y disminuye con la sobrehidratación.

En las personas sanas, cuando la osmolalidad en la sangre se vuelve alta, el cuerpo libera hormona antidiurética (HAD). Esta hormona hace que el riñón reabsorba agua, lo cual ocasiona orina más concentrada. El agua reabsorbida diluye la sangre, permitiendo que la osmolalidad sanguínea regrese de nuevo al nivel normal. La osmolalidad sanguínea baja inhibe la HAD, reduciendo la cantidad de agua que el riñón reabsorbe. La persona elimina la orina diluida para deshacerse del exceso de agua y se incrementa la osmolalidad sanguínea.

Valores normales

Los valores normales fluctúan entre 280 y 303 miliosmoles por kilogramo.

OSMOLALIDAD EN ORINA

Razones por las que se realiza el examen

Este examen ayuda a evaluar el equilibrio hídrico y la concentración de orina del cuerpo.

Las osmolalidad es una medida más exacta de la concentración de la orina que el examen de la gravedad específica de la orina.

Valores normales

Los valores normales son los siguientes:

- Muestra aleatoria: 50 a 1.400 miliosmoles por kilogramo (mOsm/kg)
- 12 a 14 horas de restricción de líquidos: mayor a 850 mOsm/kg
- El Fiske One-Diez micro-muestra es un osmómetro totalmente automático, controlado por un microprocesador. Los resultados de cada prueba se muestran digitalmente. Un puerto de impresora paralelo es proporcionado, así como RS-232

para conexión de salida a un ordenador.

Automatiza los mensajes de error advierte al operador si deberá repetir una muestra.
Tamaño de la muestra: 15 uL.
Capacidad de muestra: muestra única.
Lectura: 20 caracteres pantalla digital.
Unidades: mOsm / kg H2O.
Temperatura de almacenamiento: -40 a +160 F ó -40 a +70 C. Sala Humedad: 5% a 80% HR (sin condensación).
Tiempo de análisis: 80 segundos por muestra.

DETERMINACION DE ENZIMAS

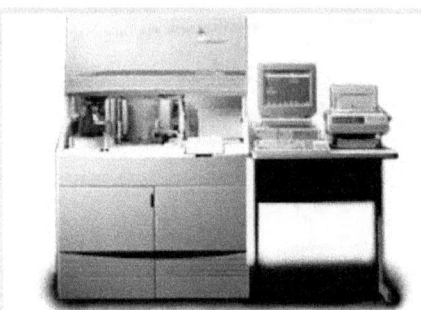

DESCRIPCIÓN: El sistema syncron CX4 es un sistema totalmente automatizado con capacidad de realizar ensayos de punto final, cinéticos y lineales con una velocidad de procesamiento del de 225 pruebas por hora. Cuenta con lectura policromatica para evitar interferencias de lectura (por ejemplo sueros lipemicos, ictericos o hemolizados) así como un sistema de refrigeración interna que permite estabilidad de los reactivos dentro del mismo. El sistema syncron tiene la capacidad para realizar la mayor parte de las pruebas químicas existentes con una carga de trabajo continua de 24 horas.

El sistema en global así como el control de calidad so

onitoreados por el sofware adjunto al equipo y gráficos vey genings que contiene una, dos y tres desviaciones stándar por arriba y por debajo de la media.

Menú de Pruebas

ACP	COLESTEROL	GLUCOSA
ALBÚMINA	HDL-COLESTEROL	HIERRO
ALP	COLINESTERASA	LDH
ALT	CK	MAGNESIO
AMILASA	CKMB	FÓSFORO
AST	CO_2	POTASIO
BUN	CREATININA	SODIO
CALCIO	BILIRRUBINA DIRECTA	BILIRRUBINA TOTAL
CLORO	GGT	PROTEINA TOTAL
TRIGLICÉRIDOS	TRANSFERRINA	DIGOXINA
ACIDO URICO	GENTAMINICINA	FENITOINA
ALCOHOL	FENOBARBITAL	TEOFILINA
IGA	T4	TU
IGG	ACETAMINOFEN	AMONIO
IGM	ANFETAMINAS	BARBITÚRICOS
BENZODIAZEPINAS	CANABINOIDES	CARBAMAZEPINA
COCAINA	OPIACEOS	SALICYLATOS
ACIDO VALPROICO	NAPA	LIPASA

En el laboratorio de electroforesis solo se determina:
- Lipasa
- Colinesterasa
- Aldolasa
- Lpa

A continuación explico algunas de estas.

Sistemas SYNCHRON CX LIPASA

INDICADO:

El Reactivo LIPA, junto con el SYNCHRON® Sistemas Calibrador para lipasa y el Sistemas SYNCHRON CX® , se usa para la determinación cuantitativa de la actividad de lipasa pancreática (LIPA) en suero o plasma humanos.

IMPORTANCIA CLINICA

Los valores de lipasa se utilizan principalmente en el diagnóstico y tratamiento de los trastornos pancreáticos.

METODOLOGIA

El Reactivo LIPA se usa para medir la actividad de lipasa pancreática mediante un método cinético enzimático.

En la reacción, un sustrato de 1,2-diglicérido se hidroliza a 2-monocliérido y ácido graso en presencia de la lipasa pancreática de la muestra. Una secuencia de cuatro pasos enzimáticos acoplados usando lipasa monoglicérido (MGLP), cinasa de glicerol (GK), glicerol fosfato oxidasa (GPO), y peroxidasa de rábano picante (HPO) causa el acoplamiento oxidante de N-etil-N-(2-hidroxi-3-sulfopropil)-m-toluidina (TOOS) con 4-aminoantipirina (4-AAP) y forma un colorante rojo de quinona diimina.

El Sistemas SYNCHRON CX® dispensa en forma automática los volúmenes apropiados de muestra y reactivo en una cubeta. La proporción es una parte de muestra a 68 partes de reactivo. El sistema controla el cambio de absorbancia
a 560 nanómetros. La velocidad de formación del colorante quinidiimina es directamente proporcional a la actividad de LIPA en la muestra y es usado por el

sistema para calcular y expresar la actividad de LIPA.

Una unidad de actividad de lipasa se define como la cantidad de actividad enzimática capaz de liberar 1 µmol de 2-monoglicérido a partir de 1 2 diglicérido por minuto a +37°C.

TIPO DE MUESTRA

Son preferibles las muestras de suero o plasma recién obtenidas.. No se recomienda el uso de muestras de sangre entera u orina.

ALMACENAMIENTO Y ESTABILIDAD DE LA MUESTRA

1. Los tubos de sangre deben guardarse tapados en todo momento y en posición vertical. Se recomienda separar el suero o el plasma físicamente de las células lo antes posible después de recogida la muestra. Es recomendable

un límite máximo de ocho horas desde el momento de recogida.

2. El suero o el plasma separados no deben permanecer a temperatura ambiente más de 4 horas. Si los análisis no se completan dentro de 4 horas, las muestras se deben almacenar entre +2°C y +8°C. Si los análisis no se
completan dentro de 48 horas, o las muestras separadas se deben almacenar más de 48 horas, se deben congelar entre -15°C y -20°C. . Las muestras deben descongelarse sólo una vez. Puede haber deterioro del compuesto en muestras congeladas y descongeladas repetidamente.

3. Requisitos adicionales de almacenamiento y estabilidad de las muestras específicos al laboratorio:
El volumen óptimo es una copa de muestras de 0,5 mL llena.

PREPARACION DEL REACTIVO

Sustrato enzimático
1. Transfiera todo el contenido de un frasco de Diluyente enzimático a un vial de Sustrato enzimático. Invierta el vial con suavidad hasta que el contenido esté disuelto. Deje reposar durante diez minutos a temperatura ambiente.
2. Transfiera todo el contenido del vial del reactivo Sustrato enzimático (10 mL) al Compartimiento B (el del medio)del cartucho de reactivo. Evite formar espuma al llenar el cartucho.

ALMACENAMIENTO Y ESTABILIDAD DEL REACTIVO

El Reactivo LIPA, almacenado sin abrir entre +2°C y +8°C, tendrá la vida útil indicada en la etiqueta del cartucho. Una vez abierto (el compartimiento C) o reconstituido (compartimiento B), y almacenado entre +2°C y +8°C, el reactivo permanece estable 14 días, o hasta la fecha de caducidad, si ésta es anterior. NO CONGELAR.

CALIBRACION

PREPARACION DEL CALIBRADOR

1. Retire el papel metálico alrededor del calibrador. Golpee suavemente el fondo del frasco del calibrador contra la mesa para desalojar el polvo adherido a la tapa. Quite la tapa lentamente para no perder polvo liofilizado.
2. Añada 3,0 mL de agua destilada o desionizada a 1 vial de calibrador. Vuelva a colocar la tapa. Invierta con suavidad hasta que el contenido esté disuelto. Deje reposar durante 10 minutos a temperatura ambiente.

ALMACENAMIENTO Y ESTABILIDAD DEL CALIBRADOR

El Calibrador para Lipasa del SYNCHRON, sin abrir, se debe

almacenar entre +2°C y +8°C hasta la fecha de caducidad impresa en el frasco. Una vez reconstituido y almacenado entre +2°C y 8°C, el Calibrador para Lipasa SYNCHRON permanece estable durante 45 días, o hasta la fecha de caducidad, si ésta es anterior.

INFORMACION SOBRE LA CALIBRACION

1. La memoria del sistema debe tener almacenados factores de calibración válidos a fin de poder procesar los controles o las muestras de pacientes.
2. En condiciones de funcionamiento típicas, el cartucho de Reactivo LIPA debe calibrarse cada 5 días y también cuando se cambien ciertas piezas o realicen procedimientos de mantenimiento según se describe en el manual
4. El sistema ejecutará automáticamente la verificación de la calibración y producirá información al final de una calibración. Si se producen fallos en la calibración, la información

se imprimirá con códigos de error y el sistema
avisará al operador.

CONTROL DE CALIDAD

Debe analizarse diariamente material con al menos dos niveles de control, normal y anómalo. Además, estos controles deberán ejecutarse con cada nueva calibración, con cada nuevo cartucho de reactivos y después de procedimientos de mantenimiento específicos o localización. El uso más frecuente de controles o el uso de controles adicionales se deja a elección del usuario y debe basarse en la cantidad de trabajo y su flujo.

CALCULOS

El sistema efectúa todos los cálculos internamente para producir el resultado final presentado en el informe. Los Sistemas SYNCHRON CX4/5 no calculan el resultado final para las diluciones de muestras hechas por el operador.

En estos casos, el resultado producido por el instrumento debe multiplicarse por el factor de dilución antes de hacer el informe del resultado final. Los Sistemas CX DELTA y CX PRO calculan el resultado final para las diluciones de muestras hechas por el operador cuando se introduce el factor de dilución en el sistema durante la programación de muestras.

INFORME DE RESULTADOS

Cada laboratorio debe establecer sus propios intervalos de referencia en base a la población de pacientes.
Suero 8 – 57 U/L.

CX® Sistemas SYNCHRON CHE

COLINESTERASA

INDICADO:

El Reactivo CHE, junto con el Sistemas SYNCHRON CX® , se usa para la determinación cuantitativa de la actividad de pseudo-colinesterasa (CHE) en suero o plasma humanos.

IMPORTANCIA CLINICA

Los niveles de colinesterasa son útiles como prueba de función hepática, como indicador de envenenamiento con insecticidas organofosforados, y como un medio de investigar las variantes atípicas, levemente activas de la enzima.

Una reducción en el nivel de la actividad enzimática es una indicación de cualquiera de las condiciones mencionadas.

Además, el ensayo también se usa para identificar a pacientes con baja actividad enzimática que podrían entrar en apnea prolongada después de la administración de succinilcolina, una droga usada como relajante muscular en cirugía.

METODOLOGIA

El Reactivo CHE se usa para medir la pseudo-colinesterasa mediante un método cinético. En este método, el yoduro de s-butiriltiocolina, que se separa por la acción de la colinesterasa presente la muestra, es el sustrato. El Sistemas SYNCHRON CX® dispensa en forma automática los volúmenes apropiados de muestra y reactivo en una cubeta. La proporción es una parte de muestra a 105 partes de reactivo. El sistema controla el cambio de absorbancia a 410 nanómetros. Este cambio de absorbancia es directamente proporcional a la actividad de la colinesterasa en la muestra y es usado por el sistema para calcular y expresar la actividad de la colinesterasa.

ALMACENAMIENTO Y ESTABILIDAD DE LA MUESTRA

1. Los tubos de sangre deben guardarse tapados en todo momento y en posición vertical. Se recomienda separar el suero o el plasma físicamente de las células dentro de las dos horas de recogida la muestra.
2. El suero o el plasma separados no deben permanecer a temperatura ambiente más de 8 horas. Si los análisis no se completan dentro de 8 horas, las muestras se deben almacenar entre +2°C y +8°C. Si los análisis no se completan en 48 horas, o las muestras separadas se deben almacenar más de 48 horas, se deben congelar entre -15°C y -20°C. Las muestras deben descongelarse sólo una vez. Puede haber deterioro del

compuesto en muestras congeladas y descongeladas repetidamente.

VOLUMEN DE MUESTRA

El volumen óptimo es una copa de muestras de 0,5 mL.

PREPARACION DEL REACTIVO

Reconstituya un frasco de mezcla de cromógeno y un frasco de mezcla de sustrato de la siguiente manera:
1. Solución de cromógeno (1) - Disuelva el contenido de un frasco de cromógeno en 100 mL de agua desionizada de la siguiente manera:
A. Agregue aproximadamente 25 mL de agua desionizada a un frasco de cromógeno.
B. Mezcle bien.
C. Transfiera la mezcla de cromógeno a un cilindro graduado de 100 mL de

capacidad que contenga 25 mL de agua desionizada.
D. Enjuague el frasco de cromógeno con agua desionizada y agréguela al cilindro graduado.
E. Agregue agua desionizada hasta obtener un volumen final de 100 mL.
F. Mezcle hasta que esté completamente disuelto.
2. Solución de sustrato (2):
A. Agregue aproximadamente 15 mL de agua desionizada a un frasco de sustrato.
B. Deje reposar por 10 minutos a temperatura ambiente.
C. Mezcle con suavidad hasta disolver completamente el contenido de la botella.
3. Transfiera los reactivos reconstituidos a uno de los cartuchos de SYNCHRON CX con su correspondiente etiqueta.

REACTIVO   COMPARTIMIENTO VOLUMEN

Solución de cromógeno (1) A 100 mL
Solución de sustrato (2) B 15 Ml

CALIBRACION

No requiere calibración.

CONTROL DE CALIDAD

Se debe analizar diariamente un mínimo de dos niveles de material de control. Además, estos controles deben procesarse con cada cartucho de reactivo nuevo y después de procedimientos específicos de mantenimiento o localización de fallos.

INFORME DE RESULTADOS

Cada laboratorio debe establecer sus propios intervalos de referencia en base a la población de pacientes.
Suero o Plasma (+30°C) 3532 – 10534 U/L.
Suero o Plasma (+37°C) 4499 – 13320 U/L.

PROCALCITONINA

La procalcitonina es un péptido de 116 aminoácidos sintetizado a partir del gen CALC-I situado en el cromosoma 11. En los últimos años ha despertado un gran interés por su papel como mediador secundario en el síndrome de respuesta inflamatoria sistémica (SRIS), especialmente por su utilidad para el diagnóstico de sepsis.

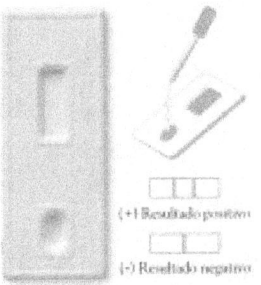

En condiciones normales es sintetizada en pequeñas cantidades en las células C de la glándula tiroides y en células neuroendocrinas del pulmón. Sin embargo, en situaciones de sepsis se sintetiza en tejidos y órganos tan dispares como el bazo, hígado, testículos, grasa o cerebro, por lo que sus niveles en sangre se disparan.

Curiosamente el gran incremento en la producción de procalcitonina no se acompaña de un aumento paralelo de los niveles de calcitonina, que apenas se modifican.

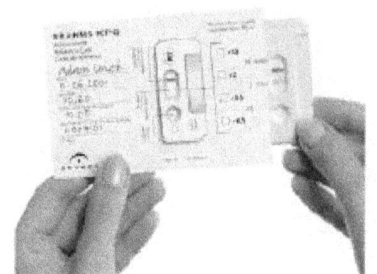

Utilidad

Se utilizan gotas de suero.

Se han realizado numerosos estudios en los que la procalcitonina se ha mostrado como un prometedor marcador de infección. Ayuda a distinguir la sepsis de otras causas de SRIS, detectar infección bacteriana invasiva en los niños con fiebre sin foco, diferenciar entre infección y rechazo agudo en pacientes trasplantados, diagnosticar precozmente sepsis en recién nacidos, valorar la presencia de infección en pacientes intervenidos con cirugía mayor, etc. Un meta-análisis a demostrado una sensibilidad del 76% y una especificidad del 70%.

DETERMINACION DEL COBRE

La determinación de cobre en suero es importante en el diagnóstico de la enfermedad de Wilson y el Síndrome de Menkes, ambos errores innatos del metabolismo del cobre.

Concentraciones anormales de cobre en suero se detectan también en pacientes con artritis reumatoide, embarazos anormales y ciertos tipos de cáncer. Para el diagnóstico clínico de estos trastornos metabólicos, así como para la caracterización bioquímica de las metaloproteínas y enzimas, es esencial un método sensible y específico para la determinación de cobre. El método de referencia para su análisis es la espectrofotometría de absorción   atómica.

Reactivos utilizados .

1- *Amortiguador fosfatos 0,5 M.* Disuelva 24,5 g de Na_2HPO_4 y 10,5 g de KH_2PO_4 en 400 mL de agua destilada y desionizada, de ser necesario ajuste el pH a 7,0 y afore a 500 mL con agua destilada y desionizada.

2- *Reactivo A:* Disuelva 30 gramos de ácido tricloroacético en 100 mL de agua destilada y desionizada. Este reactivo es estable al menos por un año a temperatura ambiente..

3- Reactivo B. A 100 mL de buffer fosfato 0,5 M agregue 2,25 g de NAOH y 1,11 mL de una solución 1% de ácido bicinconínico. Este reactivo es estable por un mínimo de 1 año en botella ámbar de plástico.

4- Reactivo C. Ácido ascórbico. Disuelva 4,0 mg de ácido ascórbico en 10,0 mL de agua destilada y desionizada. Este reactivo es estable por un mínimo de 3 días a temperatura ambiente.

5- Solución patrón de cobre de reserva (10,0 mg/100 mL). Disuelva 0,3928 g de $CuSO_4 \times 5 H_2O$ en 100 mL de agua destilada y desionizada.

6- Solución patrón de cobre de trabajo 200 µg/dL: diluir la solución patrón de cobre de reserva 1:50 con agua

destilada y desionizada.
Procedimiento
1- Coloque 0,75 mL de agua destilada, muestra o patrón de trabajo en tres tubos de ensayo (12x75 mm) marcados blanco, muestra y estándar, respectivamente y agregue 0,25 mL de reactivo A. Mezcle en vortex durante 15s.

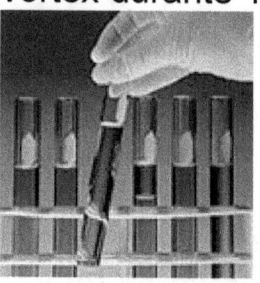

2- Centrifugue los tubos durante 5 min a 3000 rpm.

3- Transfiera 0,5 mL del sobrenadante de cada tubo a tubos limpios.

4- Agregue a cada tubo 0,1 mL del reactivo C, mezcle en vortex.

5- Agregue 0,4 mL del reactivo B y mezcle.

6- Añadir el suero a cada tubo.

6- Agitar los tubos e incubar en el baño a 37°C durante 10 minutos.

7-Determinar la absorbancia a 358 nm contra blanco de reactivos.

Autoras:

MªCarmen Díaz Quirós. T.S.S Laboratorio diagnóstico clínico
Francisca Muñoz Martínez. T.S.S Laboratorio diagnóstico clínico
MªDolores García Hernández. T.S.S Laboratorio diagnostico clínico

ISBM: 978-1-326-03424-5

www.ingramcontent.com/pod-product-compliance
Lightning Source LLC
Chambersburg PA
CBHW072256170526
45158CB00003BA/1089